Jenny的
漫遊食堂

帶你循跡記憶味蕾、簡單做菜，
重溫家常飲食的感動

媽媽的食譜是寫給家人的情書
把家的幸福能量代代相傳⋯⋯

羅真妮 Jenny Lo ── 著

家的美味代代相傳

這不只是食譜，更是我對待料理的心情。

希望將美味、美好、幸福的能量傳遞出去……也鼓勵更多的家庭，喚醒自家的傳承美味，代代相傳。

身為一個母親，一個移居紐約與三個孩子生活的母親，在台灣有親愛的家人與好友，在紐約也有摯愛的兒女和朋友。來回兩地之間，最開心的就是做美食，與家人、好友相聚。

我全心全意用「愛」料理食物，透過全書 26 道菜，將愛的能量傳遞給家人和好友，而他們給我的回饋，就是鼓勵我出書，分享給更多的同好。

家常就是美食

父母在我三歲那年創業，開始了家庭成衣廠，隨著六〇年代台灣成衣出口興盛，爸媽的針織成衣廠，從幾位阿姨、姑姑在家幫忙的工廠，經過十年努力，變成三百多位員工的針織成衣出口廠。

媽媽阿蘭，永遠都在忙碌著準備員工伙食、採買食材、照顧員

為了讓 3 個孩子想起「家的味道」時可以隨時動手做，是我著手撰寫這本中英對照食譜的初衷。

工宿舍、發放薪資、財務管理⋯⋯當時的員工，都是住在宿舍，供應三餐。

當初爸媽蓋的四層樓房，一、二樓辦公，三、四樓住家。家中伙食，當然就是搭著熱鬧的員工伙食。公司廚房終於請到厲害的廚子，退役的軍廚，寧波人，從早餐的稀飯饅頭，午餐的炒飯炒麵，到晚餐的五菜一湯，樣樣精通，美味無比。

我也一直吃到小學畢業。每天放學，飢腸轆轆，直接衝回家，到廚房吃著寧波大廚中午剩飯，看著他為晚餐變出的大菜，幸運的話，還可以試吃幾口！

從小在廚房遊走，最愛他的獅子頭，一大塊的五花豬肉，在他兩手飛快的剁打之下，揉成肉球油炸後，漂浮在大白菜醬油湯燉煮，香氣四溢！來碗白飯，淋上軟嫩嫩的獅子頭，總想吃上三碗，美味

又飽足，幸福感由胃直衝心裡。

耳濡目染，自然而然愛上美食，終於了解到美味＝幸福！

從小一直都是讀書至上，畢業後上班忙碌，很少機會下廚房，直到結婚後帶著孩子移居紐約，開始當起全職的家庭主婦，清掃洗衣、早晚接送小孩、參與學校活動、準備三餐加點心，比上班更加忙碌……

最開心的就是帶著孩子，週末享受美食。

跟隨朋友送的美食聖經《紐約不吃不可》（鄭麗園著），多次週末進城到 Manhatan 品嚐 Iron Chef 的餐廳，也想讓孩子們了解美味的幸福。

有時候孩子會問，為什麼我們不能像其他同學一樣，週末去上教堂？

而我的回答是：我們是要進城去上另一種教堂，去祭祭五臟廟（微笑）。

美味＝幸福

這段時間，也最愛看美食節目 Food Network，簡單的食材經過廚師的巧手變化，一道道精典美味，令人垂涎三尺，Mmmm 我也可以試試看！慢慢做出了心得。甚至在女兒大二暑假，我也跟著一起進城上課；她去 NYU 修學分，我就到 ICI（International Culinary Institute）學做菜。

　　從了解食材開始，進而運用自如地製作美味食物。

　　當然受惠最多的就是我的老公和孩子。懂得享受美食和製作美食，也讓我們在紐約的生活多采多姿，結交了不少好朋友、好鄰居，更增進生活的樂趣！

　　2019 年聖誕節時，隨著兒女陸續畢業，各處工作，各自居住，女兒率先建議，把這些年來陪同他們在紐約長大的家常美食，製作成簡易食譜，中英對照、中西合併。隨時想吃，翻開食譜，自己「動手」就可做出懷念的味道。

　　而且一定要簡單到吸引人「動手」！

　　這構想勾起了我的使命感，一定要寫下簡單的中英對照食譜，讓忘記中文的朋友，也能一目了然！於是決定開始著手，製作這樣簡易的食譜，希望將來他們各自嫁娶成家，想念家的味道時，隨時可以動手在家做。

Jenny

Her recipes are her love letter to food !

"What's for dinner?"

This is probably my mom's favorite question, and my favorite answer from her is "Mapo Tofu". I love this dish because it takes so little to throw together, but it tastes like a party in my mouth. The silky tofu and buttery minced meat enveloped in a glistening spicy sauce leaves the tongue tingly and craving for more, and I always want more. Most importantly, the smells of the earthy peppercorns and the repetitive motions of cooking the recipe takes me back to my mom's kitchen. I can almost see the family at the table, diving into the bubbling sauce over a steaming bowl of rice and the obligatory broccoli, laughing and talking about our fears and ambitions. Cooking my mom's food takes me to my happy place, it makes me feel safe, as if everything will be okay.

My family loves food because my mom loves food. She has amassed an impressive repertoire of dishes that are not only delicious, but they are also the foundation of many of our memories. Her cooking is her way of taking care of her family, and her recipes are her love letters to food. Like many other immigrant families, we are a family that spends more time apart than together, but food brings us back together and back to the safety of her kitchen.

Cathrine H.

食譜是媽媽
寫給食物的情書

媽媽的廚房總是凝聚著所有家人的愛。

「晚上想吃什麼？」

這也許是我媽媽最常問的問題，而我的回答總是「麻婆豆腐」！

我最喜歡這道菜，因為它在很短的時間內就能上桌，而它豐富的味道總叫我有種在嘴巴裡開派對的歡暢。滑嫩的豆腐和加了麻油的碎肉，再包覆閃閃發光的辣豆瓣醬，讓我食慾大增，總是想再多吃一點！

最重要的是，烹煮麻婆豆腐時，反覆出現的四川花椒味，會把我帶回到媽媽的廚房！媽媽主持的我家廚房，家人總是圍坐在餐桌旁，一大鍋熱氣騰騰的米飯，加上必備的花椰菜，全家一起融入熱得冒泡的麻婆醬汁香味裡，笑著談論我們在美國當新移民的恐懼和願景。媽媽做的菜，總是會把我帶到快樂的情境，感覺很安全，好像一切都會好起來！所以我喜歡烹飪，是因為媽媽喜歡食物，她積累了許多令人印象深刻的美味食譜，而這也是我們家人很多記憶的基礎。

媽媽是照顧家人的大廚，她的食譜是她寫給食物的情書。我們希望媽媽把她的食譜寫下來，當我們想念媽媽的時候，就可以隨時照著做！

就像許多其他移民家庭一樣，我們這家人，分開的時間，比在一起的時間多，但是食物的美味，總是把我們一起帶回家！

美食的回憶，讓我們家人猶如回到媽媽廚房的安全感。這些家常菜食譜，熟悉的味道和香氣，讓我感覺無論我人在哪裡，媽媽都在身邊照顧著我……

contents

Part 3 【幸福的滋味】8 道歡聚美食料理 ——— 092
共享的溫馨時刻

愛的隨筆

對我來說，愛的食譜就是從小吃到大，媽媽的味道。

不是餐廳大廚的精緻菜，更不是繁瑣的功夫菜！

是簡單美味，家的味道。

不同時節，農曆年、新年、聖誕節、感恩節、中秋節……

總想在家做些特別的食物來慶祝！

各種活動，慶生、滑雪、球賽聚會、畢業典禮、夏季烤

肉……聚在一起少不了的美味！

家中製作的美味……把家人聚在一起！

再加上媽媽的愛……這些美味，將會永遠駐印在我們心中。

雖然只是純樸營養的家常菜，但不管飛到世界哪一個城市，

《Jenny 的漫遊食堂》都能夠喚起你在家動手做的興趣，

享受濃濃的家鄉味！

這就是我寫下這本中英對照簡易食譜的使命。

紐約淪陷

2019 年過完聖誕節，新聞陸續報導武漢肺炎，出現在遙遠的中國鄉下！離這麼遠，在美國應該安全吧！

在紐約過完元旦，該回台北準備過農曆年了，一月底就過年了。

三個孩子都在紐約工作，一起互相照應，應該安全吧！

回到台北，接下來注意美國的疫情逐漸嚴重……台灣也陸續有疫情發生。

開始緊張了，有些國家陸續關閉國門，原本計畫 3 月 12 日要去義大利文藝復興之旅（慶祝我 60 大壽），三個孩子直接飛到米蘭會合。他們都買好機票了，最後大女兒決定取消！這真是明智的決定。

2020 年 3 月，義大利疫情如火如荼摧殘中！

農曆年後，長安美女聚餐，大家討論，很快美國即將關閉多國的飛機進入……

頭皮冒汗，小兒子 Alec 五月的畢業典禮，早已決定要參加，趕緊先訂機票，免得錯過我們家老么的大學畢業典禮！

3 月 7 日回到紐約，期待 4 月 27 日全家都到密西根大學 Ann Arbor 參加 Alec 畢業典禮。

OMG ！紐約疫情逐漸高漲，3 月 16 日 Cuomo 州長宣告紐約封城！緊急要求大兒子回到上東城跟我們一起住（實際上是盯著他在家工作，不要外出感染 Covid -19）。

接著每天 2000 多人感染、100 多人死亡……疫情快速升高到 20 幾萬人感染、數千人死亡……數萬人死亡……全美大感染！

關在家中，每天一早迫不及待看 Andrew Coumo 記者會報告當日嚴重疫情！

台灣朋友的關切，排山倒海而來，關心我們在紐約的情況，全世界都盯著紐約大感染，醫院已經不夠用，醫材和醫事人員耗盡，口罩、呼吸器、防疫衣……全世界的防疫物資，募捐到紐約醫院來救急，Javits Center、Central Park 全都設立方艙醫院……醫院塞滿不只是病人，還有屍體，多到無處可埋！

每天酒精消毒清潔，從裡到外，連網購進來的所有東西，包括食物，酒精噴！噴！噴！噴到手都刺痛龜裂……戴口罩、噴酒精，無止無盡地，半年就過去！

終於疫情有下降的趨勢，孩子們也習慣了防疫的所有動作，居家上班，大家關在家，讓所有的疫情減緩下來了！

7 月底終於稍微能夠放心回台北！

紐約上東城 72 街地鐵站。（牆上馬賽克拼畫藝術，2018 年完工）

疫情期的意外收穫

　　2020 年 3 月 7 日飛入紐約，3 月 16 日紐約封城，到疫情減緩 8 月回台！

　　疫情高風險期，滯留在紐約這個嚴重感染城市。

　　老實說，這樣的決定，隨時都在提心吊膽，但心裡卻很篤定，先寫好遺囑（60 歲以上都是高風險重症，感染機率高），每天面對暴增死亡訊息，當下這是最好的決定。

　　這段時間與子女共同生活，面對 Covid-19 強敵，物質和精神低落，但也有意外的收穫：廚藝精進，開始注重營養，動手做美食，親子關係熱絡，家庭凝聚力增進，團結合作，敦親睦鄰，分送口罩，清潔消毒周圍環境，空氣污染減少，擁擠人潮不見，稀稀落落的路人……在中央公園遛狗非常享受！

◀ 2020 年 4 月 18 日中央公園櫻花盛開，遛狗 Teddy，四周無人！
▶ 困在家中，天氣好，在陽台喝酒、吃飯、聊天，親子關係增進不少！

兒女動手學做菜

大兒子 17 歲離家上大學，畢業後分別在亞特蘭大和舊金山工作，2019 年終於回紐約工作⋯⋯

因為 Covid-19 爆發，10 年之後，我們終於有機會再度一起生活。

也因為這場疫情，我們開始注重營養，自己在家動手做，輪流表現，好不好吃無所謂，主要是對家人滿滿的愛。充滿愛的美食，當然美味無比，省錢又健康。

為了防止染疫，增強免疫力，每天吃得飽飽的，由胃滿足到心裡的飽足感，充滿全身的能量，感覺所有問題都能迎刃而解，什麼都不用怕！每日灌注營養，充足免疫力，是對抗病毒的最大利器。

大兒子樂於繫上圍裙學做滷肉飯。

女兒包餃子的功力一流。

小兒子畢業典禮取消，在家中自行慶祝，也能擺上一桌美食！

2020 母親節感言

以前總覺得自己是幸運健康的。

現在終於感覺病毒就在身邊，要隨時防範！

CNN 記者 Chris Cuomo 49 歲，是每天看新聞時熟悉的臉孔，他也 covid positive！

大兒子的一位朋友 27 歲（科羅拉多州）正在發燒中！他從 NY 搭飛機逃回家，在機艙內都有戴口罩，還穿戴著實驗室用的防護衣。

另一位同事 26 歲（弗羅理達州）目前除了發燒，還有喘不過氣現象……

重點是：這兩位都在紐約狀況開始嚴重的頭 10 天飛回家，在擁擠的機場，和飛機滿載的情況下趕回家，然後陸續在 4～7 天後發病！

所以爆發期絕對不要飛行，切勿在擁擠的空間停留！

紐約市，就像另一個武漢！你們每天看的報導都真實發生在生活周遭。

紐約增設方艙醫院、75000 個病床、在中央公園、在軍艦上、在 Javits 展覽館，在 US Open 網球場，還有各大醫院……全部準備好要全力對抗這場病毒的戰役！

紐約州長 Andrew Cuomo 強調，這是全美國的戰爭……只是在紐約開始……所以不管你的親友在哪一州，都要小心防範！而後變成世界大戰，全球對抗病毒的戰役。

我跟孩子們也在家中待戰、停止活動、自己準備新鮮美食、每日換洗、清掃消毒、做得更徹底，我是名符其實的台傭！負責所有的消毒清掃、連門外走道、電梯都消毒打掃，以便讓回到家中避難的大兒子、大女兒能夠安心 work from home。

現在只看 Cuomo 州長，和 Dr. Antony Fauci 的新聞……不過不能看太多，會得憂鬱症。

雖然沒有像中國的強制居家，但大家也都自動居家隔離，把外人當成病毒看待，斷絕接觸！

街上無人、停止外食、停止探訪、停止外出、停止飛行……除了關在家，一切都停止了！

我們也用網路訂購所有食品和用品，避免再外出購物！

謝謝所有親友的關心
Jenny 目前平安
05/10/2020 from NYC

Part 1 | 記憶的味道
9 道懷舊暖心料理

傳承的古早美味

　　從媽媽、外婆、曾祖母……溯本追源,已無可考!是誰創造出如此溫暖傳承下來的美味,從開始有味覺的記憶裡,就已經駐留在心中,永遠忘不掉的美味!

　　每個家庭就有這樣的傳承美味,把一家人的味蕾和幸福緊緊地扣在一起!

旅居海外,
只要做起家常菜,
家的感覺就回來了。

　　理所當然，吃了一輩子的家常飲食……感覺隨時在自家的生活，吃得輕鬆自在，唾手可得。雖然不是大廚的精緻菜，更不是深奧難做的功夫菜，卻讓人吃了暖心無比。

　　生活裡少了這一味，確實令人大大失落，有了這種熟悉的滋味，讓我們想到填滿生活的幸福時光。最開心，看到女兒也開始學習這幾道傳承美味，未來不管她在世界各處工作生活，只要動手，做起這些家常味……天涯海角，有了這些美味，家的感覺就回來了！

兒時客家回憶

　　客家小炒，是媽媽阿蘭的拿手菜。刻苦耐勞的客家妹都會做這道菜。

　　爸媽是生意人，初二、十六拜拜要準備三牲，乾魷魚、豆乾、三層肉，這其中的三層肉，就是這道菜的重點。

　　中午拜拜的豬肉，晚上下鍋爆香出油，加上洋蔥、芹菜、豆乾和魷魚，遠遠的街口，都可以聞到客家小炒的香味，總是吸引我們加快腳步衝回家，添一大碗飯配上客家小炒，好滿足的幸福。

　　第二天的便當，打開來後，就有好多同學想來交換！

　　客家小炒確實是我們家的名菜。

　　直到現在，三個孩子也都喜歡這一味！當然也是我們家過年的大菜。熱炒一大鍋，隔餐微波加熱，更入味！

　　這道菜讓我永遠懷念媽媽。

我的台灣料理三寶。

回台灣必定要囤貨的調味聖品。

就想吃點醬油味！

太多的炸雞、烤雞、水煮雞⋯⋯唉，可以吃點醬油味的雞嗎？

小兒子還是有著台灣胃，想吃醬油雞，第一個想到的就是我們台灣美味──三杯雞！

孩子的一大夥同學，週末窩到我家地下室打電玩，總是賴著，還會偷偷問：可以留下來吃醬油雞嗎？

當然，趕快拿出看家本領，台灣的美味──三杯雞，總要煮 10 杯米才夠吃，超級下飯！

鄰居說：Mrs. Huang⋯⋯why does your soy sauce make the chicken taste so good?

Jenny：Secret（心中暗想：台灣醬油膏～）

終於了解，「內在美」的媽媽，從台灣打包回紐約的行李箱，一定要帶醬油和醬油膏。

朋友送的 XO 酒裝不下沒關係，但一定要多帶兩瓶醬油膏！

週末的滷肉飯

這是台灣的國菜，很多台灣小孩幾乎從小吃到大，現在也是世界聞名！

週末假日，總是想要享受這美味，只要滷上一大鍋再加上滿滿白飯，再醃一盆小黃瓜（小黃瓜＋鹽＋醋＋蜂蜜；冰箱冷藏 3 小時即可完成）。

週末的飯菜就搞定了！

想要吃的人，隨時可以來一碗，自己加料、加飯，隨意自在，就像家裡有了自助餐一樣，媽媽可以輕鬆一天。

每次總要從台灣夾帶醬油和醬油膏，就可做出美味滷肉飯。

就是這幾道美味，長時間以來屬於我們家的滋味！

想想，你們家的滋味是什麼？

客家小炒
Hakka Stir-Fry

客家小炒，

是媽媽阿蘭的拿手菜。

刻苦耐勞的客家妹

都會做這道菜。

食材 (約 2～4 位)

250 公克三層豬肉，切條狀

6 片豆乾，切片

1/2 隻乾魷魚，泡水切條

1/2 顆洋蔥，切絲

2 條青蔥，切段

1 把芹菜，切段

1 大匙味噌

1 大匙米酒

1 大匙麻油

2 大匙醬油膏

作法

① 三層豬肉慢火爆香出油。

② 依序加入洋蔥、魷魚絲炒香。

③ 加入味噌和米酒拌炒均勻。

④ 加入豆乾炒香，加入醬油膏拌炒
  均勻；最後加入芹菜、青蔥炒香
  （依喜好可加入辣椒絲一起炒）。

⑤ 起鍋前淋上麻油，即可享用。

Ingredients (Serves 2~4 people)

1/2 lb pork belly, sliced
6 pieces dried tofu, sliced
1/2 dried squid, soaked in water and sliced
1/2 onion, sliced
2 green onions, chopped
Some celery, chopped
1 tbsp miso paste
1 tbsp rice wine
1 tbsp Sesame oil
2 tbsp soy sauce paste

Instructions

① Stir fry the pork belly until golden brown and pork oil is rendered. Add onions, squid, and stir fry until fragrant.
② Add miso paste, wine, stir and mix well.
③ Add tofu, stir fry, then add soy sauce paste, stir and mix well.
④ Add celery, green onion and stir fry until fragrant (add red chili popper if you like).
⑤ Drizzle some sesame oil, stir well and serve.

三杯雞

Three
Cups Chicken

太多的炸雞、烤雞、

水煮雞……唉，

可以吃點醬油味的雞嗎？

食材（約 2～4 位）

2 隻大雞腿，切塊
1 塊薑，切片
5 粒蒜頭，切片
1/2 顆洋蔥，切塊
1/2 個紅蘿蔔，切片
6 朵香菇，切厚片
5 朵黑木耳，撕小片
1 大把九層塔
3 大匙麻油
3 大匙醬油膏
1/2 杯米酒
鹽、胡椒適量

作法

① 將雞腿撒上鹽和黑胡椒，稍微醃製一下。
② 在鍋裡加入薑、蒜、紅蘿蔔、洋蔥炒香。
③ 加入雞腿，炒熟。
④ 依續加入麻油、醬油膏及米酒，蓋鍋燜煮 20 分鐘。
⑤ 加入香菇、黑木耳、炒熟。
⑥ 加入九層塔快炒，香味溢出，即可享用。

Ingredients (Serves 2~4 people)

2 large chicken thigh, cut into large pieces
1 knob of ginger, sliced
5 cloves of garlic, sliced
1/2 onion, sliced
1/2 carrot, sliced
6 shiitake mushrooms, sliced
5 wood ear black fungus, sliced
3 tbsp sesame oil
3 tbsp soy sauce paste
1/2 cup rice wine
Some Thai basil
Salt and pepper

Instructions

① Season chicken with salt and black pepper.
② Stir fry ginger, garlic, onion, carrot and sauté until fragrant.
③ Add the chicken and stir fry until golden brown.
④ Add sesame oil, soy sauce paste, rice wine, and simmer for 20 minutes.
⑤ Add shiitake mushrooms, black fungus and stir fry until cooked.
⑥ Add the Thai basil, quickly stir-fry, then serve.

滷肉飯

Braised
Pork Rice

台灣人幾乎從小吃到大，

堪稱台灣國菜～

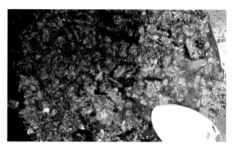

食材 （約 2 ～ 4 位）

1 磅（約 450 公克）豬絞肉
（可用義大利生香腸取代）

1 顆洋蔥，切丁

5 瓣蒜，切碎

3 個八角

五香粉適量

1 杯醬油

1 杯米酒

1 杯醬油膏

1 杯水

1 匙黑糖

5 顆蛋，煮熟去殼

鹽、胡椒適量

作法

① 先爆香洋蔥、蒜，再加入
黑糖炒匀。

② 將豬肉倒入炒香，再加入
八角和五香粉炒匀。

③ 倒入醬油、米酒、醬油膏
和水，拌炒均匀。

④ 煮滾後，小火燉煮 1 小時
（中間要開蓋攪拌，避免
黏鍋）。

⑤ 可加入熟蛋下去一起滷 10
分鐘，即可享用。

Ingredients (Serves 2~4 people)

1 pound ground pork (can use Italian sausage; just remove casing)
1 onion, diced
5 cloves of garlic, chopped
3 star anise
Five spice powder, to taste
1 cup soy sauce
1 cup rice wine
1 cup soy sauce paste
1 cup water
1 tbsp black sugar
Optional, 5 hard boiled eggs, shelled
Salt and pepper

Instructions

① Stir fry onion and garlic until fragrant, then add black sugar and stir well.
② Add the ground pork, stir fry until browned, then add star anise and five-spice powder and stir well.
③ Add soy sauce, rice wine, soy sauce paste and water, stir well.
④ Bring the mixture to a boil, simmer on low heat for an hour (stir occasionally to prevent the sauce from burning and sticking to the bottom of the pot).
⑤ Optionally, add the hard boiled eggs and simmer for ten minutes, then serve over rice.

麻婆豆腐
Mapo Tofu

香香辣辣的麻婆豆腐

一上桌，

肯定又要

多扒好幾碗飯了！

食材 (約 2 ～ 4 位)

1 磅（約 450 公克）絞肉
（豬肉或牛肉均可）

1 盒嫩豆腐

1 包麻婆醬

1 顆洋蔥，切丁

5 瓣蒜，切碎

1 塊薑，切碎

1 條紅蘿蔔，切丁

2 條西洋芹，切丁

2 條青蔥，切碎

一些香菜，切碎

1 杯醬油

1 大匙麻油

鹽、胡椒適量

作法

① 先將洋蔥、薑、蒜爆香。

② 將絞肉倒入炒香，依續再加紅蘿蔔和西芹拌炒。

③ 倒入麻婆醬、醬油，拌炒均勻。

④ 加入豆腐，輕輕拌炒，小火燉煮 20 分鐘

⑤ 起鍋前淋上麻油拌炒，再撒上蔥花和香菜，即可享用。

Ingredients (Serves 2~4 people)

1 pound ground meat (pork or beef)
1 box soft tofu
1 package mapo sauce
1 onion, diced
5 cloves of garlic, finely chopped
1 knob of ginger, finely chopped
1 carrot, diced
2 stalks of celery, diced
2 green nions, finely diced
some cilantro, finely diced
1 cup soy sauce
1 tbsp sesame oil
Salt and pepper

Instructions

① Sauté onion, ginger, and garlic until fragrant.
② Add the ground meat, sauté until fragrant, then add carrots and celery, stir fry.
③ Add the mapo sauce and stir fry, then add soy sauce.
④ Add tofu, stir gently, then simmer for 20 minutes on low heat.
⑤ To serve, drizzle with some sesame oil, and garnish with green onion and cilantro.

排骨飯
Chinese Spice Pork Chops

排骨飯

是台灣庶民美食代表，

是共同的美味與記憶。

食材（約 2～4 位）

4 片帶骨豬排
5 片蒜，切碎
一些橄欖油
鹽、胡椒適量
1 大匙醬油
1 大匙米酒
1 大匙烏醋
少許五香粉
1 大匙太白粉

作法

① 將蒜、鹽、胡椒、醬油、米酒、烏醋、
　五香粉和太白粉混合，加入豬排醃製，
　放入冰箱冷藏隔夜。
② 倒油入平底鍋預熱。
③ 將醃好的豬排放入鍋內，蓋鍋，大火
　煎 4 分鐘；再翻面，蓋鍋，煎 4 分鐘。
④ 即可加入其他配菜和白飯一起享用。

Ingredients (Serves 2~4 people)

4 bone-in pork chops
5 cloves of garlic, finely chopped
Some olive oil
1 tbsp soy sauce
1 tbsp rice wine
1 tbsp black vinegar
Some five-spice powder
1 tbsp cornstarch
salt and pepper

Instructions

① Season the pork chops with salt and pepper.
② To make the marinade, mix garlic, soy sauce, rice wine, black vinegar, five-spice and cornstarch, mix well. Add the pork chops and marinate overnight in the refrigerator.
③ Preheat the pan with oil. Sear the pork chops for 4 minutes on high heat with lid on pan. Flip and sear the other side for another 4 minutes. (check pork chops to make sure they are cooked through.)
④ Serve with rice, add some side dishes or vegetables.

焢肉飯

Soy-Stewed Pork Rice

若說滷肉飯是台灣人的
鄉愁記憶，焢肉飯則是
滷肉飯的升級版。

食材 (約 2 ～ 4 位)

2 磅（約 900 公克）
豬肚三層肉，切塊
1 顆洋蔥，切塊
1 塊薑，切塊壓碎
8 瓣蒜，壓碎
5 顆八角
1 杯醬油
1 杯米酒
1/2 杯醬油膏
1 杯水
適量五香粉
1 大匙黑糖
鹽、胡椒適量

作法

① 洋蔥薑蒜先爆香，再加入黑糖炒勻。
② 將豬肉倒入炒香，再加入八角和五香粉炒勻。
③ 倒入醬油、米酒、醬油膏和水。
④ 煮滾後，加蓋，小火燉煮 1 小時。中間要開蓋攪拌，避免黏鍋。
⑤ 開蓋試吃豬肉的軟嫩度，即可享用。

Ingredients (Serves 2~4 people)

2 pounds pork belly, cut into pieces
1 onion, diced
1 knob of ginger, diced and crushed
8 cloves of garlic, crushed
5 star anise
1 cup soy sauce
1 cup rice wine
1/2 cup soy sauce paste
1 cup water
Five spice powder, to taste
1 tbsp black sugar
Salt and pepper

Instructions

① Stir fry onion, ginger and garlic until fragrant, then add the black sugar, stir until well mixed.
② Add the pork and stir fry until golden brown, then add the star anise and five-spice powder, stir until mixed.
③ Add the soy sauce, rice wine, soy sauce paste and water, stir until mixed.
④ Bring the mixture into a boil, cover and simmer on low heat for an hour (check and stir occasionally to prevent the mixture from burning and sticking to the pot).
⑤ When the pork is tender, it's ready to be served over rice.

台灣滷味

Taiwanese Braised Dish

香氣撲鼻、豐富多變的台灣滷味，堪稱是庶民美食的代表，而且冷熱皆宜。

食材 (約 2～4 位)

12 卷海帶捲
8 顆雞蛋，煮熟去殼
1 包豆乾，對切大塊
10 朵乾香菇，浸水泡軟

作法

① 將先前焢肉的滷汁拿一半起來，放入另外一個燉鍋。
② 將海帶捲、雞蛋、豆乾、香菇放入，加蓋，小火燉煮半小時，即可。

Ingredients (Serves 2~4 people)

12 seaweed knots
8 hard boiled eggs, shelled
1 package of dried tofu, cut in half
10 dried shiitake mushrooms, soaked in water to soften

Instructions

① Save half of the Soy-Stewed Pork sauce from the previous recipe, and set aside in another stew pot.
② Add the seaweed knots, eggs, dried tofu and shiitake mushrooms, cover with lid and simmer for 30 minutes on low heat.

炸醬麵

Zha Jiang Noodles

炸醬麵是中菜極富有特色的麵食,各地都有其作法,甚至日本、韓國也有不同製法的炸醬麵。

食材 （約 2～4 位）

1 包拉麵，燙熟
1 磅（約 450 公克）豬絞肉
1 顆洋蔥，切丁
5 片蒜，切碎
3 條小黃瓜，切丁
1 條紅蘿蔔，切丁
一些青豆
5 片豆乾，切丁
2 大匙豆瓣醬
1 大匙醬油
1 大匙米酒
1 杯水
鹽、胡椒適量

作法

① 將蒜、洋蔥炒香，加入絞肉、鹽、胡椒和醬油，炒香。
② 加入豆乾拌炒，再加入豆瓣醬拌炒，加入米酒和水攪拌均勻。
③ 加入紅蘿蔔和青豆，蓋鍋，小火燉煮半小時。
④ 要起鍋前加入小黃瓜攪拌均勻，即可淋在麵上享用。

Ingredients (Serves 2~4 people)

1 package fresh ramen noodles, cooked
1 pound ground pork
1 onion, diced
5 cloves garlic, finely chopped
3 small cucumbers, diced
1 carrot, diced
Handful of edamame
5 pieces of dried tofu, diced
2 tbsp bean paste
1 tbsp soy sauce
1 tbsp rice wine
1 cup water
Salt and pepper, to taste

Instructions

① Sauté garlic and onion until fragrant, add the ground pork and stir fry for 2 minutes. Season with salt, pepper and soy sauce and stir well.
② Add the dried tofu and stir fry. Add bean paste and stir fry. Add the rice wine, and water, stir well.
③ Add carrots and edamame, cover and simmer on low heat for 30 minutes.
④ Serve with cucumbers and noodles.

三寶飯

Three
Treasures Rice

在台灣，

港式料理極受歡迎，

各式各樣都有，

三寶飯好吃又方便！

食材（約 2～4 位）

3 杯米
3 杯水
3 條港式臘腸
3 條肝腸
1 隻燒雞腿，切塊
1 把青江菜，洗淨
切半燙熟

醬料：
麻油少許
食用油少許
1/2 杯醬油
1/2 水
冰糖少許

作法

① 將米洗乾淨，倒入水放入電鍋
　中；將臘腸、肝腸洗淨放在米
　上面，按下電鍋一起煮。
② 煮醬料：將鍋子倒入少許麻油
　和食用油煮香，再加入醬油、
　水和冰糖一起煮滾，轉小火煮
　15 分鐘一直到水收乾一半；
　放涼備用。
③ 青江菜用熱水川燙，備用。
④ 飯和臘腸煮好，倒入醬汁。
⑤ 臘腸和肝腸切片。
⑥ 盛飯，再放上臘腸、肝腸、燒
　雞及青江菜，即可享用。

Ingredients (Serves 2~4 people)

3 cups rice
3 cups water
3 Hong Kong-style sausages
3 duck liver sausages
1 roasted chicken thigh,
cut into pieces
1 handful Chinese cabbage,
washed and cut in half

Sauce:
1 tbsp sesame oil
1 tbsp cooking oil
1/2 cup soy sauce
1/2 cup water
A little rock sugar, to taste

Instructions

① Add rice and water into a rice cooker, top with sausages, and cook.
② Meanwhile, make the sauce. Add sesame oil and cooking oil into a pot, bring to a simmer; then add soy sauce, water, sugar, and bring to a boil. Reduce to a low heat and simmer for 15 minutes, until the sauce has reduced in half, then set aside.
③ Boil the cabbage in water, set aside.
④ Once the sausage and rice is done, pull out the sausages and set aside, then add the sauce to the rice.
⑤ Slice the sausages.
⑥ Serve the sauce over rice, with sliced sausages, roast chicken, and boiled cabbage.

Part 2 ｜ 旅人的風味
9 道異鄉最愛料理

僑居旅行的驚豔

雞湯，總是灌注愛心的最佳方法。

只要買到一隻好母雞，無時無刻都可以補一下。過節聚餐、全家團聚、考前進補、落榜鼓勵、冬令進補、慰勞好友……就是少不了燉一大鍋雞湯，補一補！

身處異國，終於發現暖心進補的雞湯，全世界表現愛心的方法是相通的，只是做法不同！Diane's 濃濃的蔬菜雞湯，也變成我們在異鄉的最愛。

當然，我們還是台灣胃，到了冬天，就想要有麻油雞香溫暖我們的心靈！尤其在大雪的日子，最希望煮一鍋濃濃的麻油雞，滿室飄香！

道地的麻油雞得來不易，一定要準備好台灣帶來的黑麻油，米酒頭不是這麼容易取得，謝謝日本的樂桂冠 Sake，讓我可以一樣做出美味的麻油雞。

還有打敗天下無敵手的烤羊排，不但好吃，容易做，美味無腥！祕訣就是要經過兩個禮拜冰凍熟成。動手試試看，你也可以變成羊排大廚！

道地的西班牙海鮮飯配上美味烤羊排，佐以清爽的蔬菜沙拉，西式大餐一樣享受！

Diane's Chicken Soup

Diane's Bakery 這家 80 年的糕餅店，座落在紐約長島 Manhasset 隔壁小鎮 Roselyn，是美國南北戰爭的戰場之一，當年的鐘樓和炮臺都還歷歷在目，還有華盛頓曾經住過的小旅館。小鎮有些百年老屋，依山傍水、古樸寧靜。

大姐就住在 Roselyn，很多年長猶太人，老舊的城鎮，幾乎都是 50 年以上的老屋，當初我們是因為遍尋不到喜歡的房子，只好搬到 Manhasset 這個 Irish Town 定居。但是週末六日的早晨，還是喜歡到 Roselyn 找大姐，帶著孩子去 Diane's 吃 Brunch ～

推入前門，撞上滿滿的美式甜點：Pecan pie、Jelly Doughnuts、Cinnamon Rolls、Cheesecake、Banana Cream Pie（我們的最愛）……心情開始雀躍，每樣都想嚐一口。扎實的美點，除了香甜可口，亦有飽實感，滿足了甜甜的味蕾。

先排隊選幾樣甜點，再鑽到後面去點餐。各式三明治、多樣沙拉，除了咖啡，還想點碗濃濃的雞湯，給青春期的小孩們補一補，也慰勞自己獨自帶孩子，一週疲憊的身心得以補償！

Diane's Chicken Soup，早早就賣完，

滿滿的美式甜點、各種三明治、沙拉，常常陷入選擇障礙。

一定要早點去。

紐約住了 17 年，已經習慣美式蔬菜雞湯，加了豐富的蔬菜，感覺更營養！

紐約的冬季進補！

冬季進補，絕對需要麻油雞！

回台灣，除了夾帶醬油，絕對還要帶台灣冷壓的黑麻油飛回紐約，在寒冷的冬天裡還可以吃到這個台灣味，幸福～

而且只有 Whole Foods 的 Organic Free-Range Chicken，才能做出喜歡的麻油雞味，其他美國肉雞，肉質鬆弛，少了雞香味。但加上台灣黑麻油，還有米酒頭（也可以用日本的樂桂冠 Sake），米酒香氣一樣可以做出來。

經過麻油、生薑炒過的雞塊，注入半瓶米酒……慢火燉出濃濃的雞酒香，太迷人了！

紐約大雪，女兒和我的胃都沉浸在麻油雞裡取暖。

異國巷弄的香料美食

2019 旅遊西班牙之後，愛上了這道美食！

小兒子大二到西班牙 study abroad，就在馬德里的巷弄間，找到了香料天堂，滿牆的香料櫃子，香味撲鼻……震撼了視覺和味覺！

整牆的香料，絕對是西班牙料理的美味祕訣。

只要告訴店員要做 Paella，從七、八個櫃子中，飛快腳步，採集所有需要的香料，五份 Paella 作料，已經在結帳櫃檯等你了。12

歐元，讓我欣喜！

再買了 15 歐元的番紅花。回到紐約廚房就可以做出西班牙正統香料的 Paella！還有個大任務，要四處搜尋新鮮無敵的海鮮。

好吃的 Paella 得來不易啊！

美食媽媽的 Seafood Linguini

我們住在紐約 Manhasset 長島 Long Island Expressway 35 號出口的小鎮，從最有名的 Americana（全美最美的戶外購物城）跨過馬路，就是我常常購物補貨的 Whole Foods。每週一定要去補貨三次，才能餵飽青春期的三個小孩！

Whole Foods 是美食媽媽的天堂，五彩繽紛的蔬果、新鮮無腥味的海鮮、有機安全的穀物、肉品，還有世界各國的調味料，一應俱全。只要能買到新鮮海鮮，當天就想做海鮮義大利麵。

對我來說，興奮得跟孩子享受美食，比多買幾個名牌包更重要。所以 Americana 看看就好⋯⋯還是到對面 Whole Foods 花錢，採購食材，全家溫飽比較開心。

而我也絕對沒有想到，有一天會從到義大利鄰居手上拿到 Honorable Italian 的獎，只不過請他們吃了這道海鮮義大利麵。

我的祕密，不是廚藝高超，而是料好實在，最新鮮的海鮮，加上我們台式的炒麵技巧，就能做出美味無比的義大利海鮮麵。

Whole Foods 是我最常光顧的商店。

美式雞湯

Diane's
Chicken Soup

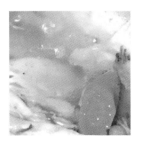

加了豐富蔬菜的

美式雞湯，

營養滿分！

食材（約 2～4 位）

1 整隻雞，去除內臟，洗清血水

1 條紅蘿蔔，切塊

1 顆洋蔥，切塊

2 條西洋芹，切塊

一些薑，切塊拍碎

一些蒜，拍碎

2 杯米酒（也可用 Saka）

1 鍋水

鹽、胡椒適量

作法

① 將薑、蒜和洋蔥炒香；雞放入鍋
內加冷水和 1 杯酒，煮滾轉小火
燉煮 1 小時。

② 將紅蘿蔔、芹菜、1 杯酒、鹽和
胡椒加入，再燉煮半小時。

③ 將雞肉取出，去皮，雞肉撕小塊；
再放入雞湯，即可享用。

Ingredients (Serves 2~4 people)

1 whole chicken, cleaned and giblets removed
1 carrot, chopped
1 onion, chopped
2 stalks of celery, chopped
Some ginger, crushed
Some garlic, crushed
2 cups rice wine
1 pot of cold water
Salt and pepper

Instructions

① Sauté the ginger, garlic and onion in 2 tbs oil until fragrant. Add the chicken into a large pot then add one cup of wine, and enough cold water to cover the chicken, bring to a boil then simmer for one hour.
② Add carrots, celery, the 2nd cup of wine, and simmer for half an hour.
③ Pull the chicken out, remove the skin and bone, and shred the meat into small pieces. Stir the shredded chicken back into the soup and serve.
④ Optionally, garnish with rosemary or parsley.

麻油雞湯

Sesame Oil Chicken Soup

冬季進補，

絕對少不了麻油雞！

食材 （約 2～4 位）

3 顆大蒜，壓碎
5 塊薑，壓碎
半隻雞，切塊
枸杞少許
5 顆紅棗
3 大匙黑麻油
1/2 瓶米酒
2 杯水

作法

① 先倒入黑麻油，加薑和蒜爆香。
② 加入雞塊，皮朝下，大火快炒到雞
皮金黃。
③ 倒入米酒，加枸杞和紅棗煮 3 分鐘。
④ 再加入水，蓋鍋燉煮半小時。
⑤ 起鍋前再加入一點米酒，即可享用。

Ingredients (Serves 2~4 people)

3 cloves of garlic, crushed
5 knobs of ginger, crushed
1/2 of a chicken, cut into pieces
Some goji berry
5 red dates
3 tbsp black sesame oil
1/2 bottle of rice wine
2 cups water

Instructions

① Saute the ginger and garlic in sesame oil until fragrant.
② Add the chicken, skin side down, saute until golden.
③ Add the rice wine, goji berries and red dates.
④ Add water, cover and simmer for half an hour.
⑤ Add a dash of rice wine before serving, and enjoy.

西班牙海鮮飯
Spanish Sea-food Paella

正統西班牙香料加上

新鮮無敵的海鮮，

好吃得不得了！

食材 (約 4～6 位)

1 杯泰式香米	5 隻鮮蝦，去腸泥、洗淨	5 隻小雞腿
5 瓣蒜，切碎	5 顆干貝	1 杯白酒
1 顆洋蔥，切丁	一些文蛤，吐沙	1/2 杯水
1 顆青椒，切絲	一些淡菜	1 包海鮮飯香料
1 條紅蘿蔔，切丁	一些小章魚	一點番紅花
一些青豆	一包歐式香腸，切厚片	一些橄欖油
		鹽、胡椒適量

作法

① 將雞腿用鹽和黑胡椒醃好，海鮮用鹽、黑胡椒和一點白酒醃好。

② 將一半洋蔥、蒜、紅蘿蔔、雞腿和香腸下鍋炒香，取出備用。

③ 將另一半洋蔥和米下鍋炒香，加入海鮮飯香料和番紅花；加入白酒拌炒，再加入半杯水拌炒均勻。

④ 將之前炒好備用的雞腿、香腸等放入米中拌勻，蓋鍋，中火燉煮 15 分鐘。（偶爾開蓋攪拌）

⑤ 將海鮮、青椒絲和青豆都舖在海鮮飯上，蓋鍋，再燉 5 分鐘，海鮮煮熟即可享用。（也可在海鮮中加入蛤蜊或淡菜，煮開口即可。）

Ingredients (Serves 4~6 people)

1 cup Thai basmati rice
5 clove garlic, finely chopped
1 onion, diced
1 green pepper, sliced
1 carrot, diced
Large handful green peas
5 fresh shrimps, deveined and shelled
5 scallops
Some clams (optional)
Some mussels (optional)
Some baby octopus

Some chorizo sausages,
thickly sliced
5 chicken drumsticks
1 cup white wine+ dash for
marinade
1/2 cup water
1 package of paella spice
A little saffron
Some olive oil
Salt and pepper

Instructions

① Season the chicken drumsticks with salt and pepper, then set aside to marinate. Season the seafood with salt, pepper, a dash of white wine, and marinate.

② Stir fry garlic, carrot, chicken, sausage, and half of the onion in the pan until fragrant. Remove and set aside.

③ Add the rice and the other half of the onion in the same pan, stir fry until fragrant. Add spices and saffron, stirring until mixed. Stir in the white wine and a cup of water, stir fry until mixed well.

④ Place the chicken and sausages over the rice, cover and simmer for 15 minutes on medium heat (check and stir occasionally).

⑤ Add shrimp, scallops (and other seafood, if using), green pepper and green peas over the chicken and rice, and cook for another 5 minutes until the seafood is done.

71

海鮮義大利麵
Seafood Linguini

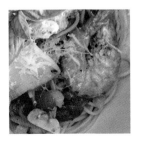

最新鮮的海鮮,加上台式
炒麵技巧,就能做出美味
無比的義大利海鮮麵。

食材（約 2 ～ 4 位）

250 克義大利扁麵，煮熟
1 顆洋蔥，切絲
5 顆蒜粒，切細
一些小番茄，對切
8 隻蝦子（去腸泥）
1 磅（約 450 公克）蛤蜊，吐沙洗淨
1/2 杯白酒
1 顆檸檬，皮洗淨削屑，並擠汁
一些帕瑪森乳酪，削屑
一些羅勒葉
一些橄欖油
（也可加其他海鮮，如花枝或章魚）
鹽、胡椒適量

作法

① 先將麵煮好，加鹽、胡椒和
　橄欖油，待用。
② 炒鍋放油，加入洋蔥、蒜，
　炒到香黃。
③ 加入蝦子、蛤蜊、番茄拌炒；
　再加入白酒，上蓋，煮到蛤
　蜊開口（大約 2 分鐘）。
④ 加入麵拌炒，再加入羅勒葉
　和檸檬汁。
⑤ 入盤；麵上撒上檸檬皮屑和
　起士屑。

Ingredients (Serves 2~4 people)

250g linguini
1 onion, sliced
4 cloves of garlic, miced
Handful of cherry tomatoes, halved
8 shrimp, deveined and cleaned
1 pound clams, cleaned
1/2 cup white wine
1 lemon, zested and juiced
Some parmesan cheese, grated
Handful of basil
Some olive oil
Salt and pepper
(If you like, you may add more seafood; like octopus or squid.)

Instructions

① Cook linguini until al dente, drain the pasta, and immediately toss with olive oil, salt, and pepper, set aside.
② Stir fry onion and garlic until golden brown, then season with salt and pepper.
③ Add the shrimp, clams, tomatos, and stir fry. Add the white wine, stir then cover until clams just open (about 2 minutes).
④ Add pasta and toss until mixed evenly. Add the basil and lemon juice.
⑤ Sprinkle with lemon zest and grated parmesan, and serve.

日式燒肉飯
Yakiniku Beef

經典日式家常風味菜色，

鹹甜適中的醬汁，

默默地再添一碗飯！

食材 (約 2～4 位)

1 盒牛肉片 (火鍋牛肉片約 450 公克)

5 片蒜,切碎

1 顆洋蔥,切絲

1 條紅蘿蔔,切絲

1/4 高麗菜,切絲

2 大匙燒肉醬

2 大匙韓式辣椒醬

1 大匙醬油

一些麻油

一些白芝麻

鹽、胡椒適量

作法

① 牛肉用鹽、胡椒、醬油和
  麻油醃製,約 20 分鐘。

② 將蒜和洋蔥爆香,分別加
  入醃好的牛肉、紅蘿蔔、
  高麗菜、燒肉醬、韓式辣
  椒醬炒熟。

③ 起鍋前再加入一點麻油,
  放在飯上,再撒上白芝麻,
  即可享用。

Ingredients (Serves 2~4 people)

1/2 lb of thinly sliced beef
5 cloves of garlic, chopped
1 onion, sliced
1 carrot, sliced
1/4 cabbage, sliced
2 tbsp roast pork sauce
2 tbsp Korean chili paste
1 tbsp soy sauce
Some sesame oil
Some white sesame seeds
Salt and pepper

Instructions

① Marinate the beef with salt, pepper, soy sauce and sesame oil, for 20 minutes.
② Sauté garlic and onion until fragrant, add the beef, cabbage, carrots, roast pork sauce, Korean chili sauce and stir fry until cooked.
③ Add a little sesame oil right before serving.
④ Serve over rice, and garnish with white sesame seeds.

海南雞飯

Hainanese Chicken Rice

電鍋按下，一鍋到底，

再淋上香氣撲鼻的蔥薑油，

美味滿點！

食材 （約 2～4 位）

2 杯米

2 杯水（其中 1 杯用浸泡香菇
的水）

2 隻大雞腿，洗淨抹上鹽、胡
椒和米酒（靜置 30 分鐘）

1 塊薑，切細碎

2 條青蔥，切細碎

5 朵乾香菇，浸水泡軟、切絲

1 大匙食用油

鹽、胡椒適量

作法

① 將米、水（含 1 杯香菇水）、香
菇絲和雞腿放入電鍋一起煮。

② 將蔥和薑末放入碗內加點鹽和胡
椒，起油鍋，油煮滾倒入蔥薑中。

③ 飯煮好之後，將雞腿取出切塊，
淋上蔥薑油，加上香菇飯，即可
享用。

Ingredients (Serves 2~4 people)

2 cups rice
2 cups of water. Set aside 1 cup water to soak
the shiitake mushrooms, and save the soaking
water to cook the rice.
2 large chicken thighs, rubbed with salt,
pepper and rice wine (marinate for 30 minutes)
1 knob of ginger, minced
2 green onions, finely chopped
5 dried shiitake mushrooms, soaked in water
until soft, sliced
1 tbsp cooking oil
Salt and pepper

Instructions

① Add rice, water (including the shiitake mushroom soaking water), shiitake mushrooms and chicken thighs into a rice cooker and cook together.
② Put the green onion and minced ginger in a bowl add salt and pepper and set aside. Add the oil into a pan and bring the oil to a sizzle. Pour the sizzling oil over the green onion and ginger.
③ Once the rice is cooked, take out the chicken thighs and cut into pieces. Drizzle the onion ginger oil all over the chicken, and serve with the mushroom rice.

84

烤羊排

Rack of Lamb

打敗天下無敵手，

好吃、容易做，

還不腥不膻，超級美味！

85

食材 (約 4 ～ 6 位)

2 排羊肋排

1 整顆大蒜，切碎

3 大把迷迭香，切碎

2 大匙橄欖油

大量黑胡椒

大量海鹽

作法

① 真空包裝羊排，在肉多的部位戳十幾個洞後，保留真空包裝放入冷凍，讓肉熟成乾燥一到兩週。

② 烤羊排的前兩天，取出放冰箱冷藏，慢慢解凍。

③ 前一天取出羊排，將鹽和胡椒均勻撒在羊排上，再將大蒜和迷迭香均勻抹在羊排上；醃好香料的羊排放在塑膠袋裡，再倒入橄欖油；放回冰箱醃製一天。

④ 取出醃製一天的羊排，放入預熱 450 ℉（約 230℃）的烤箱，烤 15 分鐘；再轉 350 ℉（約 177℃），烤 15 分鐘，靜置 5 分鐘後再切，可保留肉汁不流失。可用烤肉測溫計量一下肉內溫度，達到 130 ℉（約 55℃）即完成。

Ingredients (Serves 4~6 people)

2 racks of lamb ribs
1 large whole garlic, chopped
3 large handfuls of rosemary, chopped
2 tbsp olive oil
Lots of black pepper
Lots of sea salt

Instructions

① Remove the lamb racks from the vacuum seal package, save the package. Poke little holes in the meaty parts of the lamb. Put the lamb back in the package and place it into the freezer to age for one to two weeks.
② Two days before serving, defrost the lamb in the refrigerator.
③ One day before serving, remove the lamb from the refrigerator and pat dry. Season evenly with salt and black pepper, then rub evenly with the chopped garlic and rosemary.
④ Place the lamb in a plastic bag, drizzle with olive oil, and put back into the refrigerator to marinate for one more day.
⑤ To cook, remove lamb from refrigerator, preheat oven to 450 °F , roast the lamb for 15 min, then lower to 350 °F to roast for another 15 min.
⑥ Insert a meat thermometer into the lamb to check for doneness. The thermometer should read 130 °F , and the meat should be tender. Rest the lamb racks for 5 minutes before you cut and serve.

義大利肉醬管麵

Rigatoni
Bolognese

對北美人來說，
義大利番茄肉醬
是很常見的家庭料理，
零廚藝也美味！

食材 (約 2〜4 位)

1 包義大利管麵,燙熟
1 磅(約 450 公克)牛絞肉
5 片蒜,切碎
1 條紅蘿蔔,切丁
1 顆洋蔥,切丁
2 條西洋芹,切丁
1 大匙醬油
1 大罐義大利麵番茄醬
少許迷迭香,切碎
少許義大利乾乳酪
鹽、胡椒適量

作法

① 炒香蒜和洋蔥,加入牛絞肉、鹽、胡椒和醬油炒熟。
② 將西洋芹、紅蘿蔔和迷迭香加入炒熟。
③ 倒入番茄醬拌炒,蓋鍋,小火燉1 小時。
④ 將番茄牛肉醬淋在麵上,撒上乾乳酪即可享用。(可依喜好,在麵上撒上大量的乳酪,放進烤箱烤 3 分鐘即成焗烤義大利麵)

Ingredients (Serves 2~4 people)

1 box rigatoni paste cooked
1 pound ground beef
5 cloves of garlic, chopped
1 carrot, diced
1 onion, diced
2 stalks of celery, diced
(can be replaced with green pepper)
1 tbsp soy sauce
1 can of Italian tomato sauce
Handful of rosemary, chopped
Parmigiano Reggiano cheese, grated
Salt and pepper

Instructions

① Sauté garlic and onion until fragrant. Add ground beef, season with salt, pepper and soy sauce, stir fry until cooked.
② Add celery, carrots and rosemary, stir fry.
③ Add the tomato sauce, stir to mix, cover and simmer for 1 hour.
④ Serve the bolognese sauce over the cooked rigatoni, and topped with cheese. (If you like, top with a lot of mozzarella cheese, and parmigiano for a baked pasta dish, bake 375 °F for 10 minutes.)

蘑菇義大利麵
Mushroom Pasta

喜歡奶味的人,把食材更換為菇類,加入鮮奶、鮮奶油,相同的作法,又是另一種口味。

食材 (約 2 ～ 4 位)

1 包義大利麵,燙熟
1 盒洋菇,切片(各種鮮菇都可)
3 瓣蒜,切碎
1/2 顆洋蔥,切絲
1/2 杯鮮奶油
1/2 杯鮮奶
少數羅勒,切碎
少許義大利乾乳酪
2 大匙橄欖油

Ingredients (Serves 2~4 people)

1 package of linguine, cooked
1 package of mushroom; sliced
(you can use any kind of mushroom)
3 cloves of garlic, chopped
1/2 onion, sliced
1/2 cup fresh heavy cream
1/2 cup fresh whole milk
Handful of basil, chopped
Parmigiano Reggiano cheese, grated
2 tbsp olive oil

Part 3 | 幸福的滋味

8 道歡聚美食料理

共享的溫馨時刻

身在異國，過年總要吃個團圓飯，自家的小孩，還有左鄰右舍，親朋好友招呼一起來過中國年。

過年的大菜，少不了獅子頭，圓圓滿滿，象徵幸福圓滿的平安年。小時候就等著過年，可以好好吃整顆的獅子頭（不用再跟兄弟姐妹分），大口咬下飽滿多汁的獅子頭……幸福的滋味可以延續一整年……

◀帶著大受歡迎的
三絲涼麵參加朋
友的烤肉邀請。

▶全家圍著包餃子，
也是我們家過年
的重要活動。

中西合併 Chardonnay 牛肉麵，竟然意外的好吃！這道在異國雪地，發明的牛肉麵新做法，獲得眾多朋友的讚賞，老中、老外都喜歡。而交到好朋友的第一步，就是表演這道 Chardonnay 牛肉麵，無往不利，大家都愛！溫暖香濃的滋味……湧上心頭。

不只牛肉麵大家愛，我家的涼麵也是人見人愛，尤其搭配烤肉特別受歡迎。沒想到台灣 7-11 的名菜，也在異國發揚光大！只要朋友邀請烤肉，都會要求我家帶這道三絲涼麵；烤肉的歡樂時光就需要三絲涼麵來解膩！

餃子、燒賣也是過年過節的大菜，大家聚集不是打麻將，而是包水餃，健康又好吃。聚在一起話家常，看手勢就知道，每個人的品味不同，包出來的餃子形狀、大小、美觀、飽滿度，因人而異……小心！婆婆媽媽就從包水餃細節裡打量年輕人。

團圓飯桌的獅子頭

農曆年，一定要有獅子頭。

紐約農曆年，孩子還是正常上課，但做為媽媽的我，自作主張寫了假條給老師，讓孩子在家慶祝中國年，老師都能諒解。別忘了！我們中國人還是要過中國年……

得意的多了一天假，也沒有閒著，當天忙著包水餃、做獅子頭，還有大家想吃的特別年菜，好好的大快朵頤

筆者油畫了一張舞獅。

93

一番！慰勞一年來的辛苦，也與台灣的家人拜年。

獅子頭，總讓我想到小時候，爸媽公司請的那位寧波大廚。他那簡單樸實的做法，飽滿軟嫩的獅子頭，游走在濃厚的滷白菜湯汁中……吃過後，永生難忘的滋味！

圓圓滿滿的獅子頭是不可少的年菜。

每年複製一下，讓孩子也能享受幸福的滋味！

雪地裡的熱呼呼

膽小如我，為了青春期的孩子，還是抬頭挺胸去滑雪。

兩小時的初級滑雪班後，就跟孩子爬上纜車到山頂，享受雪地綠野仙蹤。在 10 年前滑雪摔傷膝蓋之前，這可是每年寒假的活動。

既興奮又害怕的開 6 小時車來到紐約上州 Lake Placid 滑雪聖地。孩子們雀躍下車，狗兒也隨著他們一同飛奔到滑雪的租屋。

比較喜歡租房子，有廚房，可以讓滑雪一天回來，頭頂結冰，卻汗流浹背的孩子，卸除所有滑雪的道具後，馬上享受媽媽手作暖胃飽足的牛肉麵！

滑雪區的超市，只能買到 Chardonnay 充當米酒，還好有帶台灣

在未摔傷膝蓋前，
每年冬天全家都要來趟滑雪之旅。

醬油，中西搭配竟然非常美味！而這個在當地超市東湊西拼做出的暖暖台灣味，香味四溢，很多孩子的同學、家長、鄰居朋友，大家都興奮地嚐過 Chardonnay 牛肉麵，而這道牛肉麵，也讓我們常常受邀一起去滑雪。

隔天就吃咖哩飯，這是在滑雪租屋輪流享受的美食……

希望年輕人看到這些簡易 homemade 食譜，喚醒美好的記憶，同時也能自己動手做。

夏天就要這一味

Manhasset 高中生，異常忙碌。週一到週五的上課，加上早晚的球隊練習，課外活動也滿檔，交響樂團、辯論社、社工活動、校刊編輯社、科學實驗社……訓練出十項全能的 superman。

還要養成重要的社交能力，邀請同學鄰居來 BBQ，安排社交活動也是媽媽需要具備的能力。這時三絲涼麵就能派上用場，比白人朋友的沙拉更受歡迎。

週末要好好休息，邀集鄰居同學到家烤肉，總會有人帶來大西瓜，我只要準備好三絲涼麵＋超市漢堡熱狗～完美的中西合併，賓主盡歡！

簡單的熱狗麵包＋烤肉，配上冰涼的飲料，是酷熱的夏天不可少的美味。

獅子頭

Lion Head
Meatballs

圓圓滿滿

在年節時應景又討喜！

食材 （約 2～4 位）

2 磅（約 900 公克）
豬絞肉（30% 肥肉）
1 塊薑，一半切碎拌肉，
一半切塊放白菜湯
1 顆白菜，剁大片
5 粒蒜頭，拍碎
1 顆洋蔥，切絲
1 些香菜，切碎
2 條青蔥，切碎
1/2 杯醬油
1/2 杯米酒
5 顆八角
1 杯水
一些五香粉
少許太白粉
鹽、胡椒適量
大量食用油（油炸）

作法

① 豬肉放入大碗中準備，加入鹽、胡椒、
　薑、青蔥攪拌均勻，將肉團拿起用力甩
　15 分鐘，直到肉出絲。
② 起油鍋燒到 160℃，準備炸肉球。
③ 將肉搓成肉球（大概棒球大小）外面輕
　輕拍上太白粉，放入油鍋炸到表皮金黃
　約 2 分鐘即可。肉球不用炸熟，放旁邊
　備用。
④ 將油從鍋中倒出，留下兩湯匙的油，快
　炒洋蔥、薑、蒜、八角、五香粉、大白菜。
　再加入醬油、酒、水。
⑤ 將肉球放在白菜中，蓋鍋慢火燉煮 40 分
　鐘（直到肉球軟嫩，筷子一夾就鬆開）。
⑥ 享用前放上香菜和青蔥。

Ingredients (Serves 2~4 people)

2 lbs ground pork (30%fat)
1 knob of ginger, half minced (for meatball), the other half chopped (for soup)
5 cloves of garlic, smashed
2 green onions, finely chopped
1 big Chinese cabbage, separate the leaves and cut into large pieces
1 onion, sliced
Handful of cilantro, chopped
Some corn starch
1/2 cup soy sauce
1 cup water
1/2 cup rice wine
5 star anise
1 tbsp five spice powder
Salt and pepper
Oil for frying

Instructions

① Place the ground pork in a large bowl, add the green onions, salt, pepper, minced ginger and mix well. Knead and stir the meat in the bowl for 15 minutes until sticky and elastic.

② Heat a pot of oil to 160°C .

③ Form baseball sized meatballs and dust lightly with corn starch. Fry the meatballs in the hot oil for about 2 minutes, until the surface turns golden brown but not cooked through. Remove the meatballs carefully and set aside.

④ Remove most of the oil, but leave 2 tbsp oil in the pot to stir fry onion, garlic, chopped ginger, cabbage, salt, pepper, star anise, and five spice powder. Add soy sauce, wine and water.

⑤ Lay the meatballs on top of the cabbage. Cover and simmer for 40 minutes. Check the meatballs for doneness, they should be very tender, and almost fall apart when picked up by chopsticks.

⑥ Garnish with cilantro and green onion, and serve.

100

Chardonnay
牛肉麵

Beef Noodles

聞名全世界的

台灣牛肉麵！

不只在永康街，遠在紐約

一樣可以享受美味。

食材 (約 2 ～ 4 位)

1 包拉麵，燙熟　　鹽、胡椒適量

1 大塊牛腱，切塊　1/2 瓶白酒或米酒

6 片蒜，壓扁　　　2 杯水

2 顆洋蔥，切塊　　一些香菜

3 顆番茄，切片　　一些麻油

2 條紅蘿蔔，切塊

1 杯醬油

5 顆八角

一些五香粉

作法

① 將蒜和洋蔥爆香；加入牛肉、鹽、胡椒炒熟；再加入五香粉、八角和醬油拌炒。

② 加入番茄和紅蘿蔔炒一下，倒入白酒和水，煮滾後，蓋鍋小火燉煮 2 小時；試吃牛肉軟嫩，即可關火。

③ 將牛肉湯淋在麵上，撒上香菜和一點麻油，即可享用。

Ingredients (Serves 2~4 people)

1 package of ramen noodles, cooked
1 large beef tendon, cubed
6 cloves of garlic, chopped
2 onions, chopped
3 tomatoes, sliced
2 carrots, chopped
1 cup soy sauce
5 star anise
Five-spice powder, to taste
1/2 bottle of white wine or rice wine
2 cups water
Handful of cilantro
Some sesame oil
Salt and pepper

Instructions

① Sauté garlic and onion until fragrant, add the beef tendon, season with salt and pepper, five-spice powder and star anise, then stir until mixed well. Add soy sauce.
② Add the tomatoes and carrots, stir fry. Add white wine, water, and bring the mixture to a boil, then cover lid simmer for 2 hours. Once the tendon is tender, turn off the heat.
③ Serve the beef and broth over the noodles, and garnish with cilantro and a little drizzle of sesame oil.

三絲涼麵

Taiwanese
Cold Noodles

夏天週末的烤肉，

少不了這一味！

食材 （約 2 ～ 4 位）

2 把細麵

2 條小黃瓜，切絲

1 條紅蘿蔔，燙熟切絲

1 根青蔥，切絲

3 顆雞蛋（也可用熟雞胸肉剝絲）

醬料：

1/2 杯醬油　　花生醬少許

1/2 杯米酢　　蜂蜜少許

芝麻醬少許　　麻辣醬少許

作法

① 先將醬料混合備用。

② 紅蘿蔔燙熟後切絲。

③ 麵燙熟，過冰水，待用。

④ 雞蛋打散煎好切絲。

⑤ 麵放入碗內，放上小黃瓜絲、紅蘿蔔絲、雞蛋絲。

⑥ 淋上醬料，擺上青蔥絲，即可享用。（淋上醬汁後要趕快拌麵，以免麵結塊拌不勻）

Ingredients (Serves 2~4 people)

2 handfuls of thin noodles
(you can also use Italian angel hair pasta)
2 small cucumbers, sliced into thin strips
1 carrot, cooked and sliced into thin strips
1 green onion, julienned
3 eggs, mixed

Sauce:

1/2cup soy sauce
1/2 cup rice vinegar
1 tbsp sesame paste

1 tbsp peanut butter
1 tbsp honey
1 tbsp spicy sauce

Instructions

① Mix all the sauce ingredients until smooth, set aside.
② Cook the noodles, then shock in cold water, set aside.
③ Boil the carrot and cut into thin strips.
④ Make a flat omelet with the eggs and cut into thin slices.
⑤ Add the noodles in a bowl, top with cucumber, carrot, and egg
   (you can also add shredded chicken breast).
⑥ Drizzle the sauce over the noodle and garnish with green
   onion, mix well and serve immediately.

家常烤雞
Roast Chicken

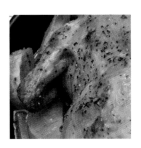

烤全雞，不分中西，
就是一道
過節氣氛濃厚的料理！

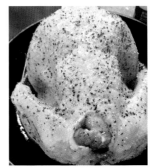

食材 (約 4～8 位)

1 隻全雞（大約 1800 公克）
大量迷迭香，切碎
1 大顆大蒜，切碎
2 顆檸檬，切塊
1 顆洋蔥，切塊
1 條紅蘿蔔，切塊
1 袋小的馬鈴薯，切塊
（也可用南瓜，切塊）
1 條奶油
大量黑胡椒
大量海鹽
2 匙橄欖油
料理棉繩

作法

① 將雞用鹽和黑胡椒醃製。
② 將奶油、蒜末、迷迭香混合，均勻塗抹在雞皮及雞胸前的空隙，再淋上橄欖油。
③ 將檸檬和大蒜放入雞體內，放置室溫 1 小時，綁好料理繩。
④ 把紅蘿蔔、馬鈴薯和洋蔥放在雞的底部。
⑤ 烤箱預熱 400 ℉（約 205 ℃），放入雞烤 20 分鐘；轉 350 ℉（約 175℃）再烤 30 分鐘。
⑥ 用筷子插入雞腿、雞胸內，沒有血水流出即可享用。

Ingredients (Serves 4~8 people)

One whole chicken, 4lb, discard giblets
Handful of rosemary, finely chopped
1 whole garlic, chopped
2 lemons, cut in half
2 onions, chopped
1 carrots, diced
1 bag of small potatoes, diced (you can also use pumpkin, diced)
1 stick of butter
Plenty of black pepper
Plenty of sea salt
2 tbsp olive oil
Cooking twine

Instructions

① Season the chicken liberally with salt and pepper.
② Mix the butter, garlic, and rosemary, and spread evenly all over the chicken and under the chicken skin. Drizzle with olive oil.
③ Stuff lemon and garlic inside the chicken cavity, then let it rest at room temperature for an hour. Tie up the chicken legs with twine.
④ Put carrots, potatoes and onions in roasting pan, then place the chicken on top.
⑤ Preheat oven 400°F, roast the chicken for 20 minutes, then lower the oven to 350 °F and roast for another 30 minutes.
⑥ Insert a chopstick into chicken thigh and breast, if the juices comes out clear, it's done.

牛尾湯
Oxtail Soup

經過細火慢燉，
牛尾膠質融入整鍋湯裡，
冷冷的天裡喝一口，
溫暖美味。

食材 (約 2～4 位)

4～5 塊牛尾

1 顆洋蔥，切絲

4 顆大蒜，壓碎

1 根紅蘿蔔，切塊

3 顆大番茄，切塊

1 罐番茄，切塊

1 紅椒，切絲

1/2 杯紅酒

2 杯水

一些麵粉

一些迷迭香

鹽、胡椒適量

作法

① 牛尾用鹽、黑胡椒和麵粉蓋住；兩面煎黃，取出放旁邊。

② 加入洋蔥和蒜頭煎黃，加入番茄和紅蘿蔔炒一下。

③ 牛尾放回鍋，再加入紅酒、水和番茄罐頭，煮滾，關小火慢燉 2 小時。

④ 放入紅椒和迷迭香煮 2 分鐘。

⑤ 裝盤時也加一些迷迭香作為裝飾。

Ingredients (Serves 2~4 people)

4~5 pieces of oxtail
1 onion, sliced
4 cloves of garlic, crushed
1 carrot, chopped
3 tomatoes, chopped
1 can of whole tomatoes, crushed
1 red bell paper, sliced
1/2 cup red wine
2 cups water
Sprinkle flour
Handful rosemary
Salt and pepper

Instructions

① Season the oxtail with salt and pepper, then dust with flour.
Brown each piece and set aside.
② Stir fry onion, garlic, until fragrance, then add tomatoes and
carrots.
③ Put in oxtail add red wine, can of tomatoes, water. Bring to a
boil then simmer for 2 hours.
④ Add red bell pepper and boil for 2 minutes. Serve with a
sprinkle of rosemary.

鮮蝦冬粉

Shrimp Mung Bean Noodles

簡單又美味的
海鮮家常菜,
稱它白飯小偷也不為過!

食材 (約 2～4 位)

8 隻鮮蝦，去腸泥，
用鹽酒胡椒醃 10 分鐘
1 把冬粉，泡熱水浸軟
4 片白菜，切條
3 顆大蒜，切碎
1/2 顆洋蔥，切絲
少許薑，切碎
2 根青蔥，切段
1 把香菜，切碎
1/2 杯醬油膏
1 大匙麻油
1 大匙料理酒
1 大匙水
鹽、胡椒適量

作法

① 先將醃好的蝦子，放入油鍋中煎
熟至蝦頭爆香流出蝦油；取出蝦
子備用。
② 將蒜末、薑末和洋蔥放入有蝦油
的鍋子中炒香，加入酒、醬油膏
拌炒，加白菜炒軟。
③ 加入少許的水和冬粉，蓋鍋蓋煮 3
分鐘。
④ 加入蝦子，香菜和青蔥淋上麻油，
拌炒一下，即可上桌。

Ingredients (Serves 2~4 people)

8 fresh shrimps, deveined and clean, season with salt, pepper,
wine and marinate for 10 minutes
1 package of mung bean noodles, soaked in hot water to soften
4 chinese cabbage leaves, cut into strips
3 cloves of garlic, finely chopped
1/2 onion, finely sliced
1 knob of ginger, finely chopped
2 green onions, chopped
Handful cilantro, chopped
1/2 cup soy sauce paste
1 tbsp sesame oil
1 tbsp cooking wine
1 tbsp water
Salt and pepper

Instructions

① Fry the shrimps in a heated oil pan fry, until shrimps heads are
   fragrant and the shrimps' oil releases, remove and set aside.
② Stir fry garlic, ginger and onion in the same pan until fragrant,
   then add the wine, soy sauce paste, chinese cabbage and stir
   fry until soft.
③ Add mung bean noodles and water, cover and simmer for 5
   minutes.
④ Add the shrimps, cilantro and green onion, toss with a drizzle
   of sesame oil, and serve.

豬肉鮮蝦燒賣
Pork and Shrimp Siu Mai

以麵粉製成的薄皮包著肉
餡蒸熟,自己在家做招牌
港式點心,一上桌,家裡
立刻變成茶樓。

食材（約4～6位）

1包餛飩皮

1杯糯米，浸泡過夜

2磅（約900公克）豬絞肉

8隻大蝦子，切小塊

1大顆洋蔥，切碎

1條紅蘿蔔，切碎

6朵乾香菇，浸泡、切碎

2大匙麻油

1大匙料理酒

1大匙烏醋

2大匙醬油

少量薑末

鹽、胡椒適量

作法

① 將豬肉、蝦子、洋蔥混合均勻。

② 加入麻油、料理酒、烏醋、醬油、胡椒、鹽和薑末混合均勻。

③ 加入糯米、浸泡香菇的水，攪拌至黏稠。

④ 加入紅蘿蔔和香菇混合均勻。

⑤ 將餛飩皮放在手掌心，拿適量的餡料放在中心，用食指和拇指圍繞餛飩皮外，往中間輕壓。（在包好的燒賣上再放一尾蝦，會更好看、更可口）

⑥ 將包好的燒賣馬上放入冷凍庫待用。

⑦ 直接將冷凍燒賣，放入蒸鍋，大火蒸約40分鐘，即可食用。

Ingredients (Serves 4~6 people)

1 package of wonton wrapper
1 cup glutinous rice, soak overnight
2 pounds ground pork
8 large shrimps, cut in small pieces
1 large onion, finely chopped
3 green onion, finely chopped
1 carrot, finely chopped
6 dried shiitake mushrooms, soaked &
finely chopped, save the soaking water
2 tbsp of sesame oil
1 tbsp cooking wine
1 tbsp black vinegar
2 tbsp soy sauce
Some ginger, miced
Salt and pepper

Instructions

① Mix the pork, shrimp, and green onion.
② Add the onion, sesame oil, cooking
    wine, soy sauce, black vinegar, pepper,
    salt, ginger and mix well.
③ Add the mushroom soaking water, stir
    until thicken.
④ Add glutinous rice, carrots and shiitake
    mushrooms, mix well.
⑤ Place the wonton wrapper in the palm,
    place a proper amount of filling in the
    center, surround the wonton wrapper
    with your fingers, and press lightly in
    the middle.
⑥ Freeze immediately for use later.
⑦ Put the frozen shumai directly into a
    steamer and steam for 40 minutes on
    high heat, then serve immediately.

豬肉水餃
Pork Dumplings

將餛飩皮改成水餃皮，餡料略做
變化，用食指和拇指將邊緣包好，
就可以變化為華人的經典麵食
——外形像元寶的水餃。

食材 (約 4 ～ 6 位)

1 包水餃皮
2 磅豬肉碎
1/2 顆高麗菜，切碎
1 大把青蔥，切碎
1 條紅蘿蔔，切碎
1 顆雞蛋
1 大匙麻油
1 大匙料理酒
2 大匙醬油
1 匙烏醋
適量胡椒
少量鹽及薑末

Ingredients (Serves 4~6 people)

1 packet of dumpling wrappers
2 pounds ground pork
1/2 chinese cabbage, finely chopped
1 large handful of green onion, finely
chopped
1 carrot, finely chopped
1 knob of ginger, mince
1 egg
1 tbsp of sesame oil & cooking wine
2 tbsp soy sauce
1 tbsp black vinegar

傳承……讓我們延續愛

　　對含蓄的東方媽媽來說，食物似乎是最容易表現我們的愛，除了滿足了胃，也滿足了心靈！

　　因為愛，想要完成這本食譜……

　　我的三個兒女定居美國，他們現在正在衝刺事業，已經不需要媽媽陪伴在側。因此將他們從小到大，愛吃的東西方餐點，集結成一本食譜，讓他們帶在身邊，就如同仍然有媽媽的陪伴、感受到家庭的愛……是我寫這本書最主要的目的！

　　今後他們只要想家的時候，隨時拿出這本食譜，翻開來就可以照著做，自己吃也好，請朋友吃也行……都很簡單！

　　未來他們的另一半，不論是華人洋人，有了這本中英文對照的媽媽食譜，甚至還可以傳承給他們的下一代，永遠能夠感受來自母親的愛！

　　至於我個人在廚藝方面的興趣，其實這些年也深受以下幾位名人作家的影響：

1. 舊日廚房（詹宏志著）

　　「三個女人的回憶」⋯⋯對家裡的廚房記憶，「懷人之作」、「食物」都不是我的關注，「人情」才是。

　　「為什麼這一次有點濫情而且還一說再說。」

　　母親的菜、岳母的菜、妻子的菜⋯⋯都在懷念中複製出來，讓我們一起享受、享受著滿滿的「愛」，享受著滿滿的「懷念」。

　　拜讀詹宏志先生大作，文情並茂，每次都有捨不得讀完的傷感⋯⋯即使讀完都還要回頭慢慢咀嚼，不想再看別本書。

　　從這本書中我感受最深的是：愛要即時，現在我還活著，愛要讓孩子接收，愛在當下！

　　「愛」讓我採取行動，趕快著手食譜。食譜素人的我，當然想要拜讀更多的食譜⋯⋯

2. Amy 廚房（Amy 著）

　　年輕人都該人手一本的食譜，簡單！

　　簡易的食材，簡易的做法，餵飽自己最有效的工具！

3. 裴社長廚房手記（裴偉著）

　　一道道複製父親的功夫菜，令人垂涎欲滴！

　　「海馬雞湯」，要有多大的愛心，四處搜尋精緻的食材，「海馬」要到何處搜尋？經過多日的採買，準備好各式材料，再加上整天鎮守廚房的耐心，就為了一鍋好湯⋯⋯充滿在家的每個角落，溫暖全家人的心，暖心暖胃。

　　敬佩，敬佩。這樣精緻難得的功夫菜，只有裴社長才能做出。感覺到了，又是滿滿的「愛」和「傳承」。

　　難得的功夫菜，一定都想學！

　　做菜功力普普的我，只能分享我的家常菜，讓我的「愛」和「傳承」分享出去。

　　女兒的麻婆豆腐、大兒子最愛的牛尾濃湯、陪伴小兒子游泳長大的義大利肉醬麵⋯⋯都要寫下來！希望孩子們能夠喚起家的記憶，接收到家的「愛」與「傳承」。

　　簡單、易做，就只是我的家常菜，就只是一個母親的愛。

4. 紐約不吃不可（鄭麗園著）

20 年前剛帶孩子到紐約，居住華人稀少的紐約長島 Manhasset 學區。孩子上學，我也上學。

登記了長島大學的設計課程，再加一堂每週二的油畫課，獨自處理繁忙家事，還要接送孩子上課的各種活動，時間就被佔滿了！

感謝油畫課的好友 Daisy 送了這本好書《紐約不吃不可》，豐富了我的紐約生活。迫不及待，每週六、日帶著孩子們衝進紐約城，遍嚐鄭麗園推薦的美食餐廳，再加上 Iron Chef 的節目推薦……開始了紐約曼哈頓的美食探訪，就當是個探險計畫，在各式人種匯集的世界大都會，嚐遍大廚的美食，品味不同美食代表的文化。

又多了個想法：
美食＝幸福
美食＝文化
《紐約不吃不可》開啟了我對不同文化、美食的探訪！

5. 老派少女的購物路線（洪愛珠著）

濃厚的「愛」、「傳承」、「懷念」……
2021 年疫情期間，陪伴我的這本書，心有戚戚焉……打開我記憶的味道！

我也是從小在大稻埕──爸爸阿炘 17 歲北上的工作地點，成家創業，忙碌養育子女長大的過程，偶爾也會帶我們回到大稻埕打牙祭，從香火鼎盛霞海城隍廟拜拜開始……

各式小菜意麵王、大骨濃湯米苔目、大樹下的魷魚羹、海味濃濃旗魚米粉、賣麵炎仔切仔麵、紅豆相思滋養糕餅店、魔法藥櫃生記藥行……

牽好大人的手，遊走各店，吃飽買足才能依依不捨回家！

舒國治先生寫序：
洪愛珠不只是寫吃寫得好，她是──寫得好！

她寫前人留下的燒菜法，「以後長路走遠，恐怕前後無人，把一道家常菜反覆練熟，隨身攜帶，是自保的手段。」

我也希望孩子們都能夠，隨身攜帶自保的手段──家常菜，把家帶在身邊，收好！

感謝他們的啟發，讓我也可以把對孩子滿滿的愛，藉由 26 道我在紐約常做的家常菜，傳承給孩子以及有興趣動手簡單做的所有人。

一起動手做！

　　這本中西對照食譜能夠出版，首先要謝謝我三個愛吃的孩子。不只愛吃，會吃，懂得吃，還什麼都吃！中、西、海、陸，通通吃！

　　感謝有孩子和老公的支持，讓我的廚藝，從平淡無味、過鹹、過甜、太軟、太硬……慢慢進步到現在五味俱全，受到家人和朋友的歡迎。

　　在女兒的要求下，終於鼓起勇氣，著手準備食譜。

　　還要謝謝好友，初中同學長安美女千芳，不厭其煩，陪做菜、攝影，還要陪吃、陪喝、陪同度過漫長的製作時光……不過好友在一起，就變成歡樂時光。

　　更要謝謝好友圓圓姐，一路相挺，看到我的初稿，馬上發揮老師的精神，提筆訂正，不停敦促，還介紹好友：知名女作家及資深總編輯林芝姐多方協助，在兩位姐姐的幫忙鼓勵之下，讓我這位完全外行的食譜素人，終於能夠鼓起勇氣，完成我第一本中西對照食譜。

　　若是能藉由本書，讓你開始動手自己做，就太棒了！

圓圓姐和林芝姐一起吃獅子頭。

和攝影好友千芳一起享受美食。

Jenny 的漫遊食堂──

帶你循跡記憶味蕾、簡單做菜，重溫家常飲食的感動

作　　　　者／羅真妮 Jenny Lo
攝　　　　影／葉千芳‧羅瑞英
美 術 編 輯／林雯瑛
封 面 設 計／Rebecca
責 任 編 輯／吳欣恬‧胡文瓊
協 力 製 作／本是文創
企 畫 選 書 人／賈俊國

總 編 輯／賈俊國
副 總 編 輯／蘇士尹
編　　　　輯／高懿萩
行 銷 企 畫／張莉榮‧蕭羽猜‧黃欣

發 行 人／何飛鵬
法 律 顧 問／元禾法律事務所王子文律師
出　　　　版／布克文化出版事業部
　　　　　　　台北市中山區民生東路二段 141 號 8 樓
　　　　　　　電話：(02)2500-7008　傳真：(02)2502-7676
　　　　　　　Email：sbooker.service@cite.com.tw
發　　　　行／英屬蓋曼群島商家庭傳媒股份有限公司城邦分公司
　　　　　　　台北市中山區民生東路二段 141 號 2 樓
　　　　　　　書虫客服服務專線：(02)2500-7718；2500-7719
　　　　　　　24 小時傳真專線：(02)2500-1990；2500-1991
　　　　　　　劃撥帳號：19863813；戶名：書虫股份有限公司
　　　　　　　讀者服務信箱：service@readingclub.com.tw
香 港 發 行 所／城邦（香港）出版集團有限公司
　　　　　　　香港灣仔駱克道 193 號東超商業中心 1 樓
　　　　　　　電話：+852-2508-6231　　傳真：+852-2578-9337
　　　　　　　Email：hkcite@biznetvigator.com
馬新發行所／城邦（馬新）出版集團 Cité (M) Sdn. Bhd.
　　　　　　　41, Jalan Radin Anum, Bandar Baru Sri Petaling,
　　　　　　　57000 Kuala Lumpur, Malaysia
　　　　　　　電話：+603- 9057-8822　　傳真：+603- 9057-6622
　　　　　　　Email：cite@cite.com.my
印　　　　刷／韋懋實業有限公司
初　　　　版／2023 年 05 月　　2023 年 07 月初版 2 刷
定　　　　價／380 元
Ｉ Ｓ Ｂ Ｎ／978-626-7256-77-0
Ｅ Ｉ Ｓ Ｂ Ｎ／9786267256787（EPUB）

Jenny 的漫遊食堂：帶你循跡記憶味蕾、簡單
做菜，重溫家常飲食的感動 / 羅真妮 Jenny Lo
著. -- 初版 . -- 臺北市：布克文化出版事業部
出版：英屬蓋曼群島商家庭傳媒股份有限公司
城邦分公司發行, 2023.04
　　面；　公分
ISBN 978-626-7256-77-0(平裝)

1.CST: 食譜

427.1　　　　　　　　　　　　112005228

城邦讀書花園
www.cite.com.tw　布克文化 www.SBOOKER.COM.TW